과학 탐정스 3: 괴도 퀴즈를 잡아라

科學小偵探

3 抓住神祕怪盜

作者／趙仁河 조인하
企劃／金秀朱 김수주　翻譯／林盈楹
繪圖／趙勝衍 조승연

作者的信

培養探究萬物的好奇心，鍛鍊科學思維力！

二〇一五年，在以全世界四十九個國家的三十一萬名國小學生爲對象的「科學成就評比」中，韓國學生位居第二，可以說名列前茅。然而，這些學生對於科學學習的自信以及興趣的排名卻很低。爲什麼會這樣呢？我認爲，原因是孩子們感受不到科學的樂趣，僅僅爲了考試而硬背知識。

那麼，怎麼做才會讓孩子覺得科學不困難，並且能快樂的學習呢？

科學研究者發現，從小培養孩子在日常生活或周遭的各種現象中，找出科學原理的習慣是很重要的，如此孩子便能夠自然而然的理解科學，在過程中學習科學。

難道不能一邊閱讀有趣好玩的書，一邊學到科學概念嗎？本書便在這樣的想法下誕生了。本書主角分別是：喜歡說諺語和金句，自認爲什麼都懂的「自以爲是大魔王」全智基；個子大、力氣也大的囉嗦鬼「阿壯」姜月月；還有夢想成爲明星影片創作者的「話匣子」曹阿海。和這些在危機時刻機智解謎的主角們一起經歷刺激的冒險，一起尋找答案，你將會感受到，自己的科學實力不知不覺間成長進步許多呢！

現在，讓我們與科學小偵探一起展開冒險吧！準備好了嗎？出發！

趙仁河

目錄

科學小偵探人物介紹

全智基

外型俊俏、頭腦聰明的男孩，是「物質」及「運動與能量」知識的高手。因為老是一邊說著諺語，一邊裝作一副什麼都懂的樣子，硬要說自己都是對的，所以綽號又叫「自以為是大魔王」。有思考時咬指甲的習慣，手上一天到晚都拿著放大鏡。

姜月月

因為個子高、力氣大，綽號「阿壯」。好奇心重、愛管閒事，經常對別人嘮叨，還很喜歡跟老師告狀。「生命」及「地球和宇宙」領域的知識相當豐富，脖子上總是掛著一副望遠鏡。

曹阿海

網路節目「話匣子TV」的影片創作者。加上本來話就很多，所以有「話匣子」的綽號。又因為需要收集節目裡的素材，所以無時無刻都拿著手機東拍西拍。他的推理能力和觀察能力非常出色，在推理的時候，會不自覺的挖鼻孔。

柯蘭

一位老師，也是一位卡通《名偵探柯南》的狂熱粉絲。她雖然無時無刻都喊著柯南的臺詞「真相只有一個！」但由於推理總是出差錯，經常會嚇到孩子們。因為她總是戴著和柯南相似的眼鏡，所以孩子們都會叫她「柯蘭老師」。

《《 第1章 》》

怪盜魁茲的預告信

花糖日報
兒童圖書館順利完工
恭喜羅小算同學
數學競賽獲得優勝
預告信

一個風和日麗的星期五，放學後，科學小偵探三人組相聚在他們的祕密基地——花牆國小科學實驗室，正在進行熱烈的討論。他們討論的主題是「遇到危機時使用的緊急信號」以及「成為帥氣偵探的跟蹤方法」。

「什麼？你說最容易使用的緊急信號是『臉部暗號』？這個

嘛……我想想！」姜月月用一臉難以理解的表情說著。

於是，全智基開始示範說明。

「很簡單！舉例來說，如果睜大眼睛眨三下，代表『有危險』；摸左耳的耳垂，代表『快逃跑』，像這樣利用臉部的五官來打暗號。」

「啊哈！原來如此。那麼，如果把食指放在右邊的眉毛，就代表『跟我來』；摸一摸下嘴脣，就代表『下次見』，你們覺得如何呢？」姜月月雙眼閃閃發亮的提出意見。

「很好啊！非常好！全部都很好記。」曹阿海表示贊同。

「好！那麼就決定透過臉部暗號來傳達訊息吧！接下來討論調查時的跟蹤方法。」

全智基剛說完，姜月月馬上站起來，並說：「大家應該都知道，在跟蹤某個人的時候，一定要緊跟在後，才不會跟丟。當然，前提是不能被對方發現，記得要眼觀四處，耳聽八方，盡可能保持頭部不動，只活動眼球，絕對不能明目張膽的盯著對方。另外，假設跟蹤對象走到一半突然停下來，請問，這時候可以跟著他一起停下來嗎？」

曹阿海自信滿滿的笑著回答：「呵呵，當然不行啊！這樣絕對會被懷疑的。」

「沒錯！這個時候，即使可能會錯過跟蹤對象，也要硬著頭皮繼續走。往前走了一陣子之後，再找個自然且合理的藉口停下來，等到對方走過自己身旁，再繼續跟蹤他。」姜月月說。

全智基接著補充：「為了能夠即時應對那樣的突發情況，我們必須先想出幾個自然且合理停下來的藉口，如果以同樣的理由停下來太多次，很容易引起對方的懷疑。例如：可以向行人問路，或是看看商店櫥窗裡的東西，也可以假裝等待過馬路。」

「哎呀！偵探還真是不好當啊！」曹阿海一邊挖著鼻孔一邊抱怨，看到曹阿海的模樣，姜月月瞬間皺起眉頭。

「嗯……好髒！好了！再討論下去，實驗室就要被你的鼻屎給淹沒了啦！」

「阿壯！為什麼自以為是大魔王咬指甲的時候，妳都不說他，每次就只念我一個人啊？」

「唉，我真是無言以對，因為自以為是大魔王才不像某些人，挖完鼻屎還會到處亂彈！」

姜月月忿忿不平的瞪著曹阿海，無話可說的曹阿海只能不停的滑手機，這時，正在翻閱花牆日報的全智基突然大叫一聲。

「大家！怪盜魁茲寄了一封預告信給小鎮上的羅富豪叔叔。」

「什麼？怪盜魁茲寄預告信？」

姜月月和曹阿海不約而同的大喊。全智基把報紙遞到他們面前，報紙上刊登著怪盜魁茲寄給花牆小鎮首富羅富豪的預告信。然而，他們讀完預告信後，只是愣愣的望著彼此。

「他說要偷走青花白瓷？犯案的日子就快到了，那張圖又是什麼意思啊？難道這是惡作劇嗎？」

花牆日報
兒童圖書館順利完工
恭喜羅小算同學
數學競賽獲得優勝
預告信

姜月月才剛提問，手托著下巴的曹阿海便馬上回答：「應該不是，怪盜魁茲的犯案風格就是先寄出預告信，再偷東西，所以人們又叫他『怪盜紳士』。不過，聽說後來他的預告信裡面，都會放上用特殊字體打上的Quiz。因此他的外號才變成『怪盜魁茲』。但是，他以前從來沒有像這樣，大張旗鼓的在報紙上刊登預告信，難道是膽子更大了嗎？總之就是一個奇人，看來是個熱愛冒險的盜賊。」

全智基堅定的說：「別的不敢確定，但他真的是個奇人。又是預告信，又是Quiz的，真是名副其實的怪盜啊！但是，這次他應該很難得逞……因為我們會全力阻止『怪盜魁茲』！」

姜月月和曹阿海也用力點頭表示贊同。

「首先，必須知道他會在什麼時候偷走青花白瓷。」全智基表情嚴肅的看著預告信，喃喃自語著，聽到全智基的話，原本忙著拍影片的曹阿海，胸有成竹的說：

「嗯，上面寫的提示是『蛹』，那絕對是十點，也就是10：00，因為蠶蛹一份賣一千韓元。」（編注：「蠶蛹」是韓國的特色小吃。）

「應該……不是吧？一千韓元是小份的蠶蛹，大份的是兩千韓元。」全智基冷淡的反駁，曹阿海尷尬的抓抓頭。

這個時候，全神貫注看著預告信的姜月月突然站起來說：「有了！

請仔細看怪盜魁茲刊登的預告信，在下面寫著各種動物名字的格子中，找出一生會經歷「化蛹」的昆蟲，並塗上顏色，然後再推測出怪盜魁茲現身的時間。

預告信

羅富豪先生：

我將在5月25日帶走您最珍愛的寶物青花白瓷，若想知道我會在幾點把它拿走，請仔細看看這張圖吧！時間會透露在上面。避免您毫無頭緒，就給您一個提示吧！提示是「蛹」，雖然我也可以偷偷的把它拿走，但我可不是那麼卑鄙的傢伙，哈哈哈！

怪盜魁茲　敬上

	螳螂	蜘蛛	蚱蜢
鼠婦	鍬形蟲		紋白蝶
		狗	
青蛙	蛾	蜈蚣	蜜蜂 椿象
			瓢蟲 螃蟹
雞	蒼蠅	蛇	
蝸牛	中華劍角蝗	獨角仙	蜻蜓

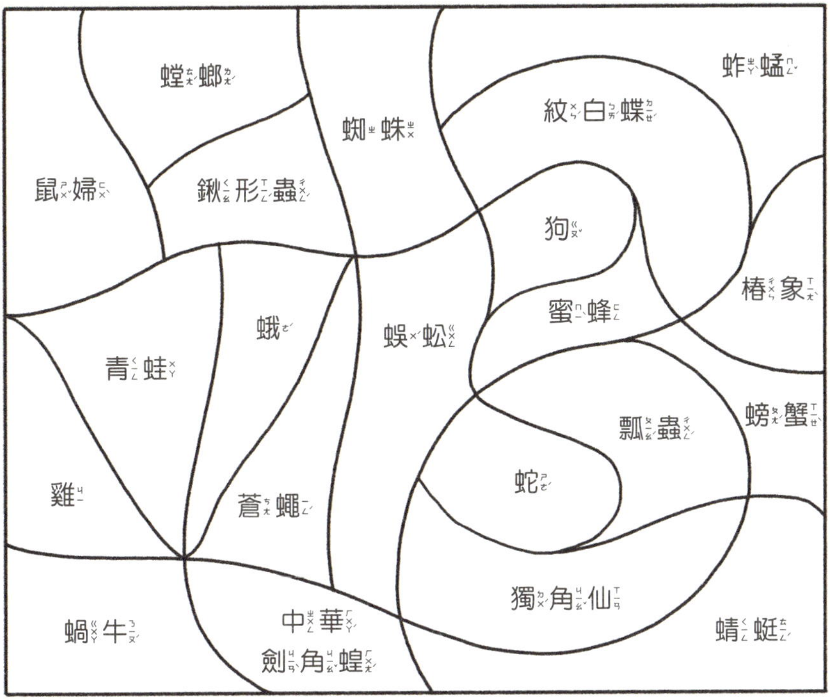

解答在136頁

就是那個！我知道答案了。預告信的提示是『蛹』，也就是要我們找出一生當中，會經歷『蛹』這個階段的昆蟲。」

「一生……是什麼意思啊？」

曹阿海一臉好奇的詢問，姜月月滿懷信心的回答：

「所謂『動物的一生』，是指動物出生之後，歷經成長，然後繁衍後代的過程。如果以昆蟲為例，從卵開始，經過蛻變之後，變成了成蟲，這整個過程就叫做『一生』。」

「那麼，一生當中會經歷『蛹』這個階段的昆蟲，又是什麼意思呢？」全智基提出疑問，姜月月面帶微笑，繼續說明。

「嘿嘿，聽我接著說明吧！昆蟲的成長階段分成『完全變態』、『不完全變態』和『無變態』三種。」

「哇！好複雜啊！」

曹阿海發起了牢騷，但是姜月月並沒有理會他，繼續解釋。

「啊哈！所以只要在預告信的圖片中，找出會化蛹的昆蟲，也就是屬於『完全變態』的昆蟲，像是蛾、蜜蜂、瓢蟲、蒼蠅、紋白蝶、獨角仙、鍬形蟲，然後在格子塗上顏色，就可以知道時間了。」

全智基認真的在預告信的圖片著色，很快的，圖片上好像出現了什麼訊息……是數字「13」，小偵探們高興的大聲歡呼。

「完全變態」指的是昆蟲經歷「卵→幼蟲→蛹→成蟲」這四個階段。

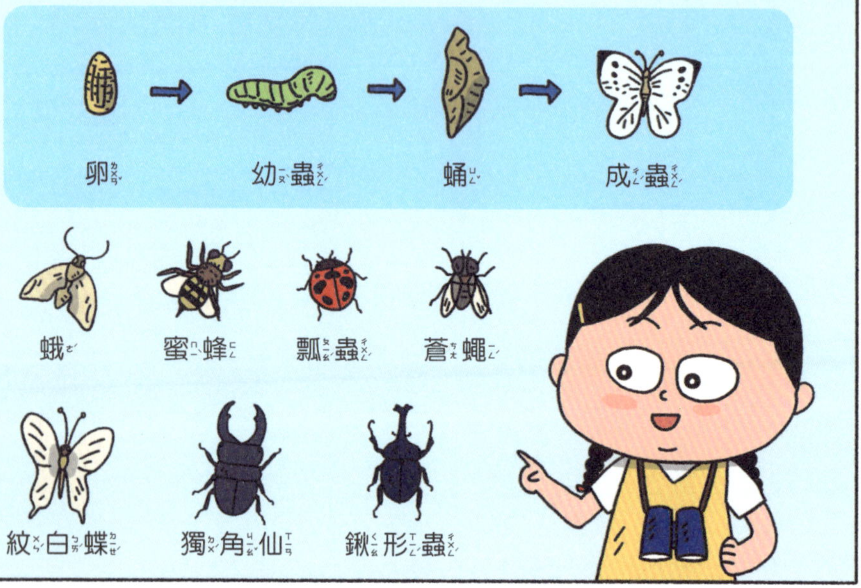
卵
幼蟲
蛹
成蟲
蛾
蜜蜂
瓢蟲
蒼蠅
紋白蝶
獨角仙
鍬形蟲

「不完全變態」指的是昆蟲經歷「卵→幼蟲→成蟲」這三個階段。

沒有經歷化蛹的階段。
卵
幼蟲
成蟲
螳螂
椿象
蜻蜓
中華劍角蝗
蚱蜢

「哇，出現『13』了！」

「那麼，怪盜魁茲將會在十三點，也就是下午一點的時候拿走青花白瓷！」

然而，喜悅只是暫時的。小偵探們不知道接下來該怎麼做才好，又陷入了苦惱，煩惱不已的他們，決定先把這件事告訴柯蘭老師。

柯蘭老師聽完整個事件的來龍去脈後，眼睛睜得又大又圓。

「我的天啊！怪盜魁茲預告的犯罪時間是下午一點？你們真不愧是科學小偵探。不過，我建議將這起案件交給警察處理，你們不要再插手了，很危險的，知道嗎？」

柯蘭老師慎重的提醒小偵探們後，便打電話給花牆警察局的韓美男刑警。然而，掛斷電話後，柯蘭老師的臉頰變得紅通通的，她看著小偵探們，自信的說：「真相只有一個！」

終於來到怪盜魁茲預告的五月二十五日，小偵探們瞞著柯蘭老師，偷偷在十二點三十分的時候前

往羅富豪家。羅富豪家被人群圍得水泄不通，四周站滿了警察和記者，尤其是大門的前方，密密麻麻的擠了一群警察，他們的眼神都透露出一定要抓住怪盜魁茲的決心。

「即便是怪盜魁茲，也沒辦法突破這銅牆鐵壁般的警戒，偷走青花白瓷吧？」姜月月低聲詢問。

她一說完，全智基便滿臉緊張的回答：「這很難說，他一定是有什麼辦法，才敢發出那樣的預告信。」

這時，在人山人海中艱難拍攝著影片的曹阿海，突然指著一個方向大喊：「啊，是柯蘭老師！」

大家看向曹阿海指著的地方，可以看見戴著墨鏡、裝扮詭異的柯蘭老師正在環顧四周。

「真奇怪……為什麼老師要鬼鬼祟祟的東張西望啊？感覺更可疑了！還有那套服裝，也太引人注目了吧！」全智基噗哧一聲笑了出來。

姜月月也忍住笑意，附和著

說：「對呀！還學名偵探柯南穿著夾克、短褲、戴蝴蝶領結……咳！咳！」

忽然，四處張望的柯蘭老師看到小偵探們的身影嚇了一大跳，趕緊穿過人群來到他們身邊，並低聲說道：

「哎呀，你們為什麼會來這裡？怪盜魁茲應該要交給老師和警察處理啊！」

「老師，話可不能這樣說，因為我們破解了暗號，所以當然要來啊！」

「對啊！我們要抓住怪盜魁茲。」

「你們在說什麼啊！你們以為這是在玩遊戲嗎？」

正當他們爭論不休的時候，不知從哪裡突然傳來「匡噹」一聲巨響！晴朗的天空中，竟然劃過一道閃電，四周被煙霧完全籠罩，小偵探們趕緊看了看手錶，已經下午一點了！

「啊，應該是怪盜魁茲出現了！」曹阿海大喊。

然而，吸入不明煙霧氣體的人們紛紛打起了噴嚏。

每個人不斷的打噴嚏，臉上充滿眼淚和鼻水。過了一陣子，瀰漫的濃煙散去，人們的噴嚏聲才逐漸平息。這時候，曹阿海的目光被什麼東西吸引了——正是手上拿著青花白瓷，正在翻越圍牆的怪盜魁茲。

「是怪盜魁茲！」

一聽到曹阿海的喊叫聲，警察們還來不及反應，便本能的衝了出去。然而，蒙著臉的怪盜魁茲回頭朝人群瞥了一眼，眼神彷彿在宣告勝利，就

這麼揚長而去了。

「我們也趕快追上去！」

聽到全智基的話，一行人擦乾眼淚和鼻涕，向怪盜魁茲追去。怪盜魁茲左閃右避，身手敏捷的穿過小巷，眨眼間溜進了廣場。

「廣場裡有很多岔路，怪盜魁茲可以很輕易的逃走，我們現在該怎麼辦啊？」

姜月月焦急的跺著腳，全智基急忙大聲說：「那麼，我們先分頭尋找，等一下大家再回來這裡集合！」

全智基一說完，四個人便迅速解散，他們鬥志高昂的到處尋找怪盜

魁茲。然而，卻連怪盜魁茲的影子都沒看見，當他們再次回到廣場集合時，每個人都氣喘吁吁的。

「可惡，這個像狐狸一樣的狡猾傢伙，還真會躲啊！」曹阿海氣得大聲喊叫。

柯蘭老師安慰曹阿海說：「沒事的，你們快點回家吧！太危險了，這裡就交給大人去處理吧！」

聽到柯蘭老師的話，全智基悶悶不樂的回應：「老師，您就別再說那種話了！」

「對啊！為什麼老師今天這麼呆板無趣啊？」

「老師，現在這些事情都不是重點，我們趕緊回去羅富豪叔叔的家，那怕只有一點點怪盜魁茲留下的線索，也要把它找出來。」

姜月月和曹阿海也隨即附和，一臉懇切的看著柯蘭老師。柯蘭老師思考片刻，然後嘆了口氣說：「唉，好吧！但是你們一定要和老師一起行動才可以，知道嗎？」

小偵探們和柯蘭老師打勾勾約定之後，便急忙趕往羅富豪家，四個人各自行動，仔細的查看四周。

然而，原本拿著望遠鏡到處張望的姜月月，突然看向牆壁，激動的說：「發現線索了！是一塊小小的布。」姜月月得意的繼續說：「應該是怪盜魁茲在翻牆的時候，披風不小心被勾住，然後就撕破了一小塊。」

「真的是怪盜魁茲的披風碎布。咦？這個又是什麼啊？它看起來很像一個箭頭的符號，你們覺得

呢？」全智基指著一根黏在披風上，如同針一般尖銳的刺說道。

「那是一種叫做『鬼針草』的果實，上面有好幾個倒鉤的刺，可以輕易的附著在我們的衣服或動物的身體上。也正是因為這樣，鬼針草的種子才能散播到遙遠的地方。」

姜月月解釋完畢，曹阿海便

歪著頭說：「嗯，這間屋子裡沒有鬼針草。」

「沒錯，鬼針草主要生長在陽光充足的山坡和原野中。」

聽完姜月月的回答，全智基提出了建議。

「也就是說，怪盜魁茲所在的地方有很多的鬼針草……阿壯，妳知道這附近有很多鬼針草的地方是哪裡，對嗎？我們馬上就去那裡看看，說不定會有更多線索。」

「沒問題，跟我來！」

姜月月大聲呼喊後便帶頭出發，在姜月月的帶領下，四個人進入了森林，接著走到高聳陡峭的懸崖邊。

「哇，這個地方真的有滿滿的鬼針草，沒想到懸崖下竟然還有這樣的地方。」

曹阿海一邊感嘆，一邊拍攝影片，結果發現全智基正皺著眉頭，努力拿掉黏在衣服上的鬼針草，就在曹阿海噗哧笑出來的那一瞬間，拿著望遠鏡環視四周的姜月月，被什麼東西吸引了目光。

「你們看！懸崖底部的圓石上面有寫字。」

「真的嗎？寫了什麼啊？」柯蘭老師問。

「上面寫著——請跟著混合物前進吧！」

聽到姜月月的回答，四個人疑惑的歪著頭，並走近懸崖，最先抵達的姜月月拿著望遠鏡從下到上仔細觀察懸崖。懸崖上有一些突出的石頭，可以抓住向上攀爬，中間還出現幾個岔路口，每個岔路口都放了兩張圖片。姜月月把自己透過望遠鏡看到的情況告訴大家。

「這樣看來，怪盜魁茲的藏身之處應該就在懸崖上面吧？」柯蘭老師自信滿滿的推測。於是曹阿海開玩笑的回應：「嗚嗚嗚嗚……好像很嚇人啊！」

姜月月問：「不過，『請跟著混合物前進吧』這句話是什麼意思呢？」

全智基思考了一下，回答：「阿壯，妳不是說懸崖的每個岔路口都放了兩張圖嗎？所以它的意思應該是要我們從圖中選出混合物，並朝那個方向前進，走吧，我們趕快去看看是不是這樣。」

姜月月用力的點點頭，並回答：「好的，自以為是大魔王，就由你來帶路吧！」

抵達
炒鯷魚
鯷魚
紅豆冰
冰塊
請跟著混合物
前進吧！
解答在136頁！

請跟著混合物前進，爬到懸崖的上方吧！
肉蛋吐司
吐司麵包
米
飯捲
出發

全智基用力抓住懸崖上突出的石頭，小心翼翼的踩著石頭爬上去。

緊接著，姜月月、曹阿海和柯蘭老師也跟著爬上去。他們很快的翻越了危險的峭壁，不知不覺間來到第一個岔路。

路口的左邊是一張「米」的圖片，右邊則是一張「飯捲」的圖片。

「哎呀，怎麼這麼難啊？自以為是大魔王，哪一邊是混合物呢？」

姜月月一邊擦著額頭上的汗珠，一邊詢問。

全智基開始說明：「混合物指的是兩種以上的物質，在不改變其性質的狀態下混合在一起。」

「哇！沒有什麼能考得倒全智基。」

米
飯捲

米只是一種材料，但飯捲裡包含了海苔、飯、醃蘿蔔、雞蛋、胡蘿蔔和菠菜等材料，並且在不改變其性質的狀態下，將它們混合在一起，所以飯捲就是混合物。

除此之外，在我們生活周遭常見的混合物有：紅豆冰、漢堡、三明治、炒鯷魚、蜂蜜水、韓元的10元硬幣等。

紅豆冰
漢堡
蜂蜜水
10元硬幣

什麼？10元硬幣也是混合物嗎？
嗯，因為10元硬幣是由銅和鋁混合製成的。

聽到姜月月的誇獎，全智基得意的聳了聳肩。在全智基可靠的引領下，大家終於安全的爬到懸崖上方。

「呼，終於爬上來了，我的腿一直抖個不停，快累倒了。」最後一個爬上來的柯蘭老師氣喘吁吁的說著，癱坐在地上的曹阿海便立刻附和：「咳咳，我也是。剛才爬到一半，頭突然暈了起來，還好沒昏過去。」

這時，拿著望遠鏡看向周圍的姜月月突然大喊：「前面有一棟房子，我想那應該就是怪盜魁茲的藏身之處！」

《《 第2章 》》

怪盜魁茲的藏身之處

一行人小心翼翼的走到房子前，他們看著房子，驚訝的瞪大雙眼！因為這棟房子的前方是懸崖，後方則被茂密森林包圍著，根本就是當作藏身之處的絕佳選擇。

「太神奇了！怎麼會想到在這樣的懸崖上蓋房子。」

「這裡完全就是天然要塞

啊！」柯蘭老師露出難以置信的表情。

柯蘭老師一說完，曹阿海便不停的拍手表示贊同。這個時候，全智基正在用放大鏡探查房子的四周，突然間，他發現卡在磚塊縫隙的鬼針草果實。

「這裡有鬼針草的果實，看來……怪盜魁茲的藏身之處，應該就是這裡沒錯。」

「所以……青花白瓷就在這個地方嗎？怪盜魁茲現在似乎不在家，我們趕快趁他回來前找出青花白瓷，把它帶回去吧！」

姜月月興奮得衝向房子，然而玄關的大門上面什麼都沒有，既沒有門鎖，也沒有門把和鑰匙孔。

「咦？這是什麼奇怪的門？該不會只是一面長得像門的牆壁吧？」

姜月月感到不知所措。

「怎麼會有這種事情？門上面一定會有門把或門鎖呀，會不會是被藏起來了？」

這次換全智基走上前仔細觀察，他試著敲了敲門，卻一點反應都沒有。這個時候，在一旁陷入沉思的曹阿海，突然喃喃自語起來。

「我猜某處一定有個祕密機關可以把門打開，而且祕密機關的所在之處，絕對會殘留怪盜魁茲雙手碰過的痕跡。」

聽到這句話，姜月月似乎想到了什麼。她打開曹阿海的包包，拿出指紋採集箱遞給曹阿海，接著他用刷子沾取黑色粉末，輕輕的刷滿整扇門，緊接著，門上面開始浮現出各式各樣的痕跡。

「哇，怎麼那麼多痕跡啊？」柯蘭老師驚訝的說。

曹阿海反覆查看印在門上的痕跡之後，瞇起一隻眼睛說：「呼……看來很快就能知道開門的祕密機關在哪裡了！」

「你們仔細看門的左下方，手印是不是特別多？就是因為怪盜魁茲經常觸碰那裡的關係，說不定開門的祕密機關就在那裡。」

聽完曹阿海的話，柯蘭老師便將手放到門的左下方，她用手觸碰的

請仔細看看這些出現在門上的痕跡，並圈出開門的祕密機關可能的所在位置。
著猜一猜，些痕跡可能由什麼生物下來的。
祕密機關所在的地方，應該會有很多手碰過的痕跡吧？
解答在136頁！

地方突然像蓋子一樣彈開來，裡面出現了一個圓形按鈕。

「哇，好厲害的推理能力呀！」柯蘭老師一邊讚嘆，一邊按下按鈕，門「啪」一聲打開了。他們小心翼翼的走到屋子裡，柯蘭老師和曹阿海一組，姜月月和全智基一組，迅速的查看房子。然而，別說青花白瓷了，完全沒有任何看起來像寶物的東西。

「咦，根本什麼東西都沒有嘛！難道怪盜魁茲把青花白瓷藏起來了嗎？」曹阿海喃喃自語的說。

這時候，正在仔細觀察牆上畫框的柯蘭老師疑惑的歪著頭。畫框裡的畫是用拼圖拼成的，是一幅秋天的風景畫，畫中的一處在進行祭祀，

一處是人們跳著江江水月圓圈舞（編注：「江江水月圓圈舞」是韓國中秋節的節慶活動，在月亮下跳舞來祈求豐收。）的模樣，另一處則畫了松糕。

「嗯，這幅畫怎麼看都非常奇怪，只有那一塊拼圖是缺片的。」

聽到柯蘭老師的話，全智基連忙拿起放大鏡仔細觀察，姜月月也迅速的舉起望遠鏡掃視屋內，曹阿海則一邊用手機拍下朋友們的樣子，一邊推測起來。

「會不會是因為

怪盜魁茲太忙碌，所以才沒有把拼圖全部拼完呢？」

「我覺得……這幅拼圖應該就是打開寶藏密室的鑰匙。」

聽到柯蘭老師的話，姜月月驚訝的點點頭回應：「老師的推理好厲害呀！」

全智基也用讚嘆的口氣說道：「老師的分析能力真是無人能比！我也有同樣的想法，如果把正確的拼圖放進去，密室應該就會出現了。」

「咦？但是，為什麼這裡會有五塊月亮形狀的拼圖呢？」曹阿海一臉不解的詢問。

接著，他拿起其中一塊拼圖說：「不確定的時候，一個一個試就是

最好的方法。」

就在曹阿海要把拼圖放上去的時候……

「等等！」全智基大喊一聲，拉住曹阿海。

「啊！嚇死我了！怎麼了？」

「如果放錯拼圖，我們進來這裡的事情，很有可能會被怪盜魁茲發現呀！」

「沒錯，對方是怪盜魁茲，他可不是簡單的對手，那我們現在該怎麼辦呢？」

四個人悶悶不樂的站著，沮喪的看著畫。這時候，姜月月拿起一塊

仔細觀察圖片內容，並從下方的五塊月亮拼圖中，圈出正確的拼圖。

解答在136頁

月亮的形狀會以30天為週期產生變化，其變化的順序為眉月、上弦月、盈凸月、滿月、虧凸月、下弦月、殘月。農曆2～3號可以看到眉月，農曆7～8號則是上弦月，農曆15號是滿月，農曆22～23號是下弦月，農曆27～28號則可以看到殘月。

拼圖，氣勢十足的喊道：

「好！有了！我知道該放哪一種月亮形狀的拼圖，就是這一塊。」

姜月月問大家：「你們知道為什麼月亮的形狀會產生變化嗎？因為月球繞著地球轉的時候，太陽光照射月球的角度不同，從地球上看到的月球形狀也會不同。」

「嗯……我以為只有地球繞著太陽轉，原來月球也會繞著地球轉啊！」全智基眼睛閃爍著光芒，喃喃自語著。

這次換曹阿海提問：「那什麼是『農曆』呢？」

「農曆是根據月亮形狀的變化而制定的曆法，直到一八九六年標準曆改為陽曆之前，人們一直都使用農曆。到了現在，在制定新年和中秋節等節日日期時，人們使用的依然是農曆。」

「那麼，為什麼農曆和陽曆的日期不一樣呢？」聽完姜月月清楚明確的回答，全智基撥了撥瀏海，接著詢問。

「因為農曆的一個月是根據月球繞地球公轉的時間來制定的，而陽曆的一個月則是根據地球繞太陽公轉的時間來制定的。農曆一個月有二十九天或三十天，陽曆一個月有三十天或三十一天，所以農曆和陽曆的日期當然會不一樣啦！」

「哎呀，到底要放哪一塊拼圖呢？」

看到曹阿海一臉困惑的樣子，姜月月面帶微笑繼續說明：

「畫裡的內容都是跟『中秋節』有關的事物。中秋節的時候，人們會用一整年收穫的穀物來祭祀祖先、掃墓，製作松糕和芋頭湯享用，還會在月亮下跳江江水月圓圈舞來祈求豐收。農曆八月十五日是中秋節，和農曆新年一樣，也是代表性的節日，所以正確答案就是農曆十五日會出現的……」

「滿月！」全智基率先回答。

「哇，你們真是聰明！」柯蘭老師誇獎小偵探們。

「哈哈，謝謝老師。」

姜月月對柯蘭老師的稱讚表達感謝，然後把畫著滿月的拼圖放進圖畫中空缺的地方。緊接著，掛著拼圖的那面牆，發出一聲「轟隆」巨響，並開始轉動起來。牆的另一邊竟然真的出現一間密室，小偵探們驚訝的睜大眼睛，柯蘭老師也震懾於眼前的場景，不停的眨著雙眼。

密室裡擺滿各式各樣的寶物，那些寶物顯然都價值不菲。全智基全神貫注的環視房間，終於發現青花白瓷。全智基拿出手機想打給警方報案，但是手機完全沒有訊號。

「咦，好奇怪！電話無法撥出……剛才我明明看見懸崖周圍有基地台的！」

「看來這附近裝了阻絕電波的裝置。」柯蘭老師神色嚴肅的回答。

「既然現在手機無法撥通，也無法跟警察聯繫，不如我們就帶著青花白瓷出去，直接送還給羅富豪先生吧！」

聽到柯蘭老師的話，曹阿海大聲喊道：「不行！失竊物品一律都要送到警察局。」

「我也這麼想。」全智基附和著。於是柯蘭老師點點頭表示認同。

一行人小心翼翼的拿起青花白瓷，準備離開密室。就在這時，蒙著臉的怪盜魁茲不知道從哪裡突然冒了出來，直接擋住他們的去路。

「啊，是怪盜魁茲！」

轟隆

全智基和姜月月一同高聲大喊，然而曹阿海一點也不驚訝，皺了皺眉頭說：「現在就別再演了吧！你根本就不是真正的怪盜魁茲。」

「你說什麼？

他不是怪盜魁茲？」姜月月就像一隻受到驚嚇的兔子一樣，眼睛睜得又圓又大。

「他是——羅富豪！」

曹阿海的爆炸性發言讓另外三個人震驚得說不出話，「怪盜魁茲」不屑的發出一聲「嘖」，然後脫下了面罩，結果面罩後面的那張臉，真的是羅富豪本人！

「唉！你們這群不識相的孩子是怎麼來到這裡的？還有，你又是怎麼知道我的真實身分呢？」

「從剛才在叔叔家調查的時候，我就已經知道叔叔的真面目了。」

聽到曹阿海自信滿滿的回答，羅富豪有點不知所措。

「你……你怎麼知道的？這可是我精心策劃的完美計畫。」

「這哪稱得上完美啊！根本是漏洞百出好嗎？例如：被打破的玻璃窗，玻璃碎片只散落在外面，很明顯的，這就是從室內打破窗戶的證據。還有，玻璃窗外的腳印，方向全部都是從裡往外。從這兩點看來，就知道這起犯罪案件是由內部知情人士策劃的。那麼，這位內部知情人士會是誰呢？就是叔叔你本人！」

這個時候，羅富豪的一名手下看了看手錶，一臉不耐煩的站出來說道：

「那個，沒有時間了，您就直接處理吧！」

「我當然會處理。你還真是個聰明的孩子呀！憑著那麼一點點線索，就能發現怪盜魁茲是假的。沒錯，這一切都是我策劃的，可惜你們也不能拿我怎麼樣，來吧，把這些小鬼頭都綁到角落去吧！」

手下們聽見羅富豪的命令，便立刻將四個人的手腳用膠帶綁得緊緊的，然後把他們推到密室的陰暗角落。同時，羅富豪開始動手收拾他的寶物，其中包括青花白瓷，還有各式各樣的陶器。裝好所有能帶走的寶物後，羅富豪走到小偵探們面前，不懷好意的笑著說：

「偏偏就在我來取寶物的時候，被我逮了個正著，你們還真是不走

運啊！」

「我們的運氣如何，不需要你操心，看你把寶物都打包收拾好了，難不成你想逃到國外嗎？」全智基雙眼直盯著羅富豪問。

「沒錯！不過，你們看我的眼神好傷人啊！我不過是貪心了一點，但我並不是壞人。」

「那就放開我們啊！」曹阿海說。

柯蘭老師也說：「如果你就這樣丟下我們離開，我們全部會餓死在這裡的。」

「哎呀，太可憐了吧！但是怎麼辦呢？一旦從這棟房子的外面把門鎖上，就算炸彈掉下來，門也打不開……也就是說，你們是永遠無法從這扇門逃出去的。」

聽到羅富豪的話，姜月月的下巴開始顫抖起來，曹阿海則是把眼睛閉得緊緊的。羅富豪看到這一幕，似乎起了惻隱之心，假裝善良的說：

「唉，我這個人的毛病就是太容易心軟了，那就告訴你們一招逃離這棟房子的方法吧！只要在房子裡面找出『玄武岩』，就可以逃脫了。反正我都要離開這個國家，就當作這是我給你們的最後告別禮物吧！祝你們好運啦，聰明的朋友們，再見！」

羅富豪說完，一行人便瞬間消失了，曹阿海馬上睜開眼睛說道：

「夥伴們，趕快跟我一起這樣做，雙手就可以從膠帶裡解困了。」

「你有什麼特別的方法嗎？」姜月月兩眼無神的問。

「嗯，相信我就對了。首先，把雙手高舉過頭頂，接下來肚子用

力，把手肘盡全力向後擺動，同時雙手使勁的往下放就行了！」

「真的可以嗎？」全智基一臉難以置信的模樣。

「好！那由我先做示範。」曹阿海一邊說，一

邊將手舉過頭頂，然後迅速放下。他手上纏繞的膠帶立刻斷成兩半，另外三個人不敢置信的睜大眼睛，二話不說立刻照做，捆綁在三個人手腕上的膠帶，果然都瞬間斷掉了。

「哇！俗話說『扮豬吃老虎』，這真是太神奇了！」

全智基話音剛落，曹阿海卻擺出一副不高興的表情。

「什麼？豬？」

「啊，抱歉，我只是想表達你真的很厲害。不過，你是怎麼知道這個方法啊？」

全智基擺出不好意思的表情，趕緊向曹阿海道歉並稱讚他，曹阿海馬上又開心起來。

「身為偵探，這可是一定要有的基本技能啊！嘿嘿，其實我也是從『YouTube』的影片中學到的。」

從密室裡順利逃脫出來的一行人，逕自跑向玄關大門，但是門卻一動也不動。

「羅富豪說的應該是真的，門根本打不開。」

姜月月拍手說道：「對了！羅富豪剛剛有說要找出玄武岩。」

「妳相信他的話嗎？而且，所有的石頭都長得一樣，要怎麼才能知道哪個是玄武岩呢？」

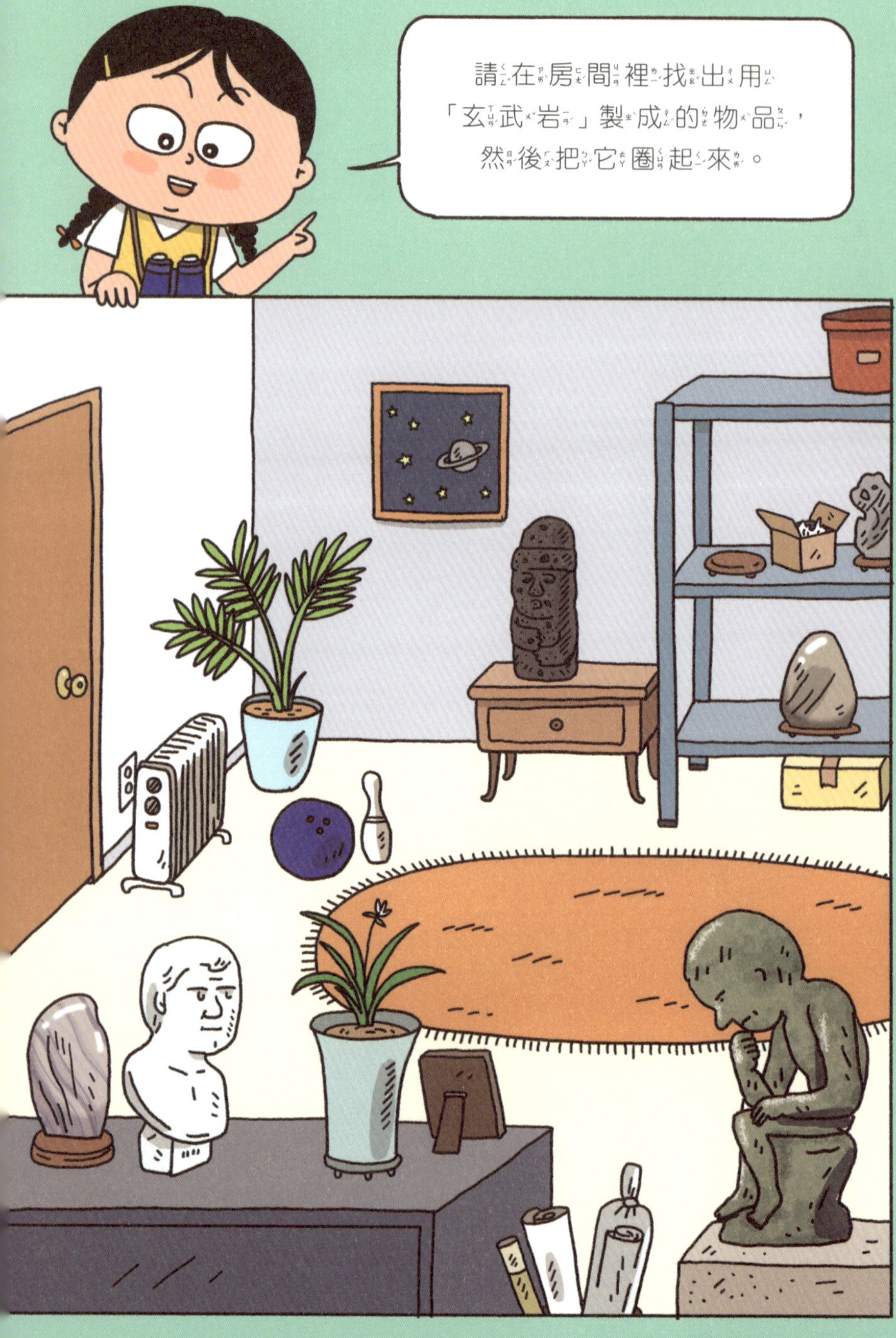
請在房間裡找出用「玄武岩」製成的物品，然後把它圈起來。

解答在136頁！

姜月月沒有理會曹阿海，開始在房子的每個角落翻找，接著她環視了小房間一圈，高興的大叫起來。

「好了！有了！就是那個！我找到玄武岩了，只要了解岩石的特性就可以了。」

「妳是說每塊石頭都有各自的特性嗎？」

看到曹阿海一臉困惑，姜月月便用簡單易懂的方式開始解釋。

「在地底深處融化的岩石，稱為『岩漿』，而岩漿噴發形成的地形，叫做『火山』，你們知道韓國的代表性火山叫什麼名字嗎？」

「漢拏山！」

沒錯！如果去濟州島，可以看到很多深色的岩石，這些岩石就是玄武岩。玄武岩的顏色較深，體積較小，有些會有孔洞。
花崗岩則顏色鮮豔，體積較大，還會有很多不同的顏色。
為什麼會有這樣的差異呢？
因為玄武岩是岩漿在地表附近快速冷卻和硬化而成的，而花崗岩則是在地底深處緩慢冷卻和凝固的。
玄武岩
花崗岩

全智基和曹阿海異口同聲的喊道，姜月月繼續解釋：

「很好！你們都很了解喔！透過這些火山和岩漿的活動，會形成岩石，這種岩石被稱為『火成岩』，其中代表性的例子包括『玄武岩』和『花崗岩』。」

「那麼，濟州島上一定也有很多這種岩石吧？」柯蘭老師也跟著搭腔回應。

姜月月解釋完之後，毫不猶豫的走進房間。

「有了！找到了。」她拿起櫃子上濟州島隨處可見的石爺爺雕像，緊接著，原本放置石爺爺的櫃子開始緩緩升起，發出一聲巨響後，地板竟然打開了。

「居然還在這種地方設計一個祕密機關，真是不簡單啊！無論如何，我們終於可以離開這裡了，趕快去看看吧！」

柯蘭老師率先勇敢的往下跳，隨後小偵探們也手牽著手跳下去。

一行人沿著與房間相連的通道往前走，很快的，明亮的光芒映照在他

們的雙眼。

然而，逃脫的喜悅只是暫時的，一片黑暗的森林突然出現在他們的眼前，如同一隻鱷魚張開大嘴迎接著他們。

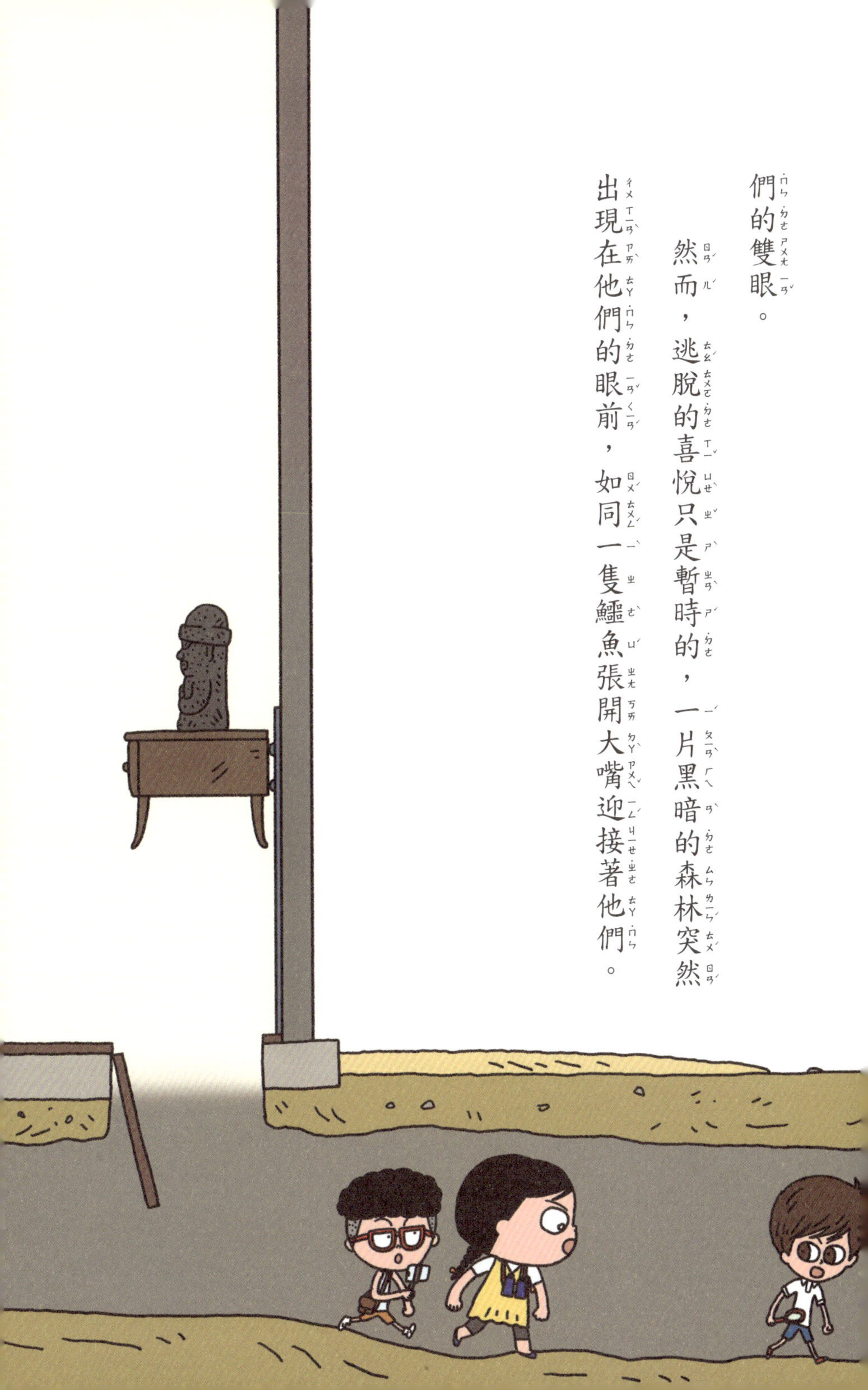

《第3章》

從黑暗森林驚險逃脫

一行人別無選擇，只好戰戰兢兢的走入黑暗森林。可是，森林裡的樹木過於繁茂，他們根本找不到路。因為迷失方向，所以徘徊了好長一段時間，面臨險境的他們決定暫時喘口氣，休息一下。

曹阿海想緩和大家的心情，於是出了謎語詢問大家：「你們知道大樹和小樹差在哪裡嗎？」

「不是差在『大小』嗎？」

姜月月噘著嘴反問，曹阿海接著雀躍的說道：

「錯！答案是：插（差）在土裡，哈！」

曹阿海興致高昂，馬上又出了一題。

「蘋果跟梨子比賽，規則是誰先講到自己的名字就輸了，你們猜是誰輸了呢？」

「我知道，是蘋果輸（蘋果酥）！」這一次，全智基自信滿滿的回答。不過，曹阿海依然帶著燦

爛笑容，高興的說道：

「錯！正確答案是『梨子』，因為梨子興奮的說『來啊』（梨子的台語發音近似「來啊」），然後他就輸了，哈哈哈！」

全智基和姜月月相視而笑。但是，不知道怎麼回事，柯蘭老師卻只是平靜的坐在那裡，全智基覺得怪怪的，於是詢問：

「老師，您怎麼了？每次您聽曹阿海講冷笑話的時候，都會笑得很開心……」

「啊，是嗎？啊哈哈哈！好有趣啊。」

柯蘭老師尷尬的笑了笑，看到柯蘭老師與平常的樣子不同，小偵探

們雖然感到奇怪，但是，因為一心想著要趕快離開森林，所以很快就忘記了。休息一陣子之後，大家開始討論逃出森林的方法。

「如果要去小鎮，就必須要向北走，可是我們沒有指南針，所以無法知道哪個方向才是北方。」曹阿海撐大鼻孔說。

「就是啊！手機也沒有訊號，

真是令人頭痛！如果可以用手機裡的指南針應用程式，就能很快找到方向了。」

全智基也因為想不出有什麼好方法而不停嘆氣，這時候，姜月月突然想到了什麼，睜大眼睛說道：

「我們趕快找出太陽的位置吧！太陽會從西方落下，我們就可以藉此找到北方。現在已經下午一點多，再過不久太陽就要下山了，必須加快腳步才行。」

聽到姜月月的話，所有人都抬頭看向天空。但是森林太過茂密，天空被高聳繁茂的樹木遮擋住，根本就看不見陽光。

曹阿海說：「這裡要怎麼找到太陽啊？除非爬到樹的頂端，也許還有一點可能。」

然而，聽到曹阿海的這句話，姜月月卻打了個響指說：「好主意！既然我們爬不上樹的頂端，那就找個能看到太陽的高處爬上去吧！」

在姜月月的建議下，一行人開始穿過灌木叢，爬向更高的地方。然而，曹阿海的臉色突然變得蒼白，大家停下來一看，他全身都在發抖。

看到曹阿海不尋常的樣子，全智基迅速的跑到他身旁。

「話匣子，你怎麼了？發生什麼事了？」

「啊啊啊……因為這個！」曹阿海指著他眼前的樹枝，一邊不停的發抖一邊說道。

樹枝上有好幾隻肥碩的毛毛蟲正在蠕動爬行，全智基了解狀況後，決定要捉弄捉弄曹阿海。就在那一刻，一隻毛毛蟲恰好掉落在曹阿海的頭上。

「呃啊啊啊！」

曹阿海一邊尖叫，一邊在森林裡跑來跑去，接著摔倒在草地上。雪上加霜的是，有一隻長著數十對紅色腳的蜈蚣，從趴倒在地的曹阿海面前緩緩的爬過。

曹阿海被這可怕的場景徹底嚇壞了，不斷的高聲尖叫，甚至在地上

打滾。滾到包包裡面的東西全掉了出來。姜月月和柯蘭老師趕緊把曹阿海扶起來，全智基則幫忙撿起掉落的東西，就在全智基收拾東西的時候，他的眼中掠過一道光芒。

「啊！只要有這個，就能找到北方了。」

好不容易回神的曹阿海，滿臉都是淚水。他反覆的做著深呼吸，又吸了吸鼻涕，驚魂未定的說：「咳咳，真的是嚇死我了，我最害怕有很多毛和很多腳的生物了。」

「你肯定嚇壞了吧？毛毛蟲和蜈蚣本來就已經夠嚇人了，剛才看到的那些蟲更大到讓我全身起雞皮疙瘩。不過話說回來，全智基，你手裡

曹阿海的隨身物品中，能找到北方的物品是哪一個呢？請找出那個物品，並沿著路徑走。

風車
條形磁鐵
鏡子
電風扇
捲尺
剪刀
S
N
是北方！
好像不是這裡！

解答在136頁！

拿著那個東西要做什麼啊？」

姜月月一邊安慰曹阿海，一邊詢問全智基。而全智基手裡拿著的東西，是一塊條形磁鐵。

「我要用這個來尋找方向，當條形磁鐵漂浮在水面上，或是懸掛在空中的時候，它會指向固定的方向。這時候，指向北方的那一端稱為N極，指向南方的那一端稱為S極。也就是說，條形磁鐵懸掛在空中的時候，N極指的方向就是北方。」

「啊，原來如此，我都沒想到還有這一招呢！那麼要如何懸掛條形磁鐵呢？」曹阿海問。

「時間緊迫，就用我的望遠鏡繩子吧！」

全智基接過姜月月遞給他的望遠鏡備用繩，把條形磁鐵綁起來，條形磁鐵就這樣懸掛在空中，晃動了幾下後，很快便停了下來。

「這個方向是北方，趁天還沒黑，我們趕快行動吧！」

全智基帶頭出發，一行人一起

努力朝著目標方向奮力前進。

「我們終於可以回家了嗎？」

恢復平靜的曹阿海露出燦爛的笑容說著。就在這時，前方突然傳來了「沙沙沙」的聲響。

「等一下，這是什麼聲音？」

柯蘭老師說完，其他人也跟著停下腳步，神情緊張的盯著黑暗的森林。過沒多久，一隻長著鋒利獠牙的黑色野豬從森林裡冒了出來。

「這次是野豬嗎？」全智基惶恐的說道。

姜月月低聲叮嚀：「大家直視那頭野豬，緩慢的向後退，絕對不要背對牠，知道嗎？」

柯蘭老師和小偵探們聽從姜月月的指示，慢慢的後退。可是不知道怎麼一回事，姜月月就像上次在科學樂園時一樣，被自己的腳絆住，「砰」一聲摔倒在地上。

可能是因為聲響嚇到了野豬，原本只是靜靜盯著他們的野豬，突然朝向他們奔跑起來！情況相當危急，於是柯蘭老師把姜月月一把扛到肩上，拚命的和大家一起逃跑。然而，野豬越來越逼近他們，這時姜月月大喊：

「快！大家分頭跑呀！」

一行人迅速的向四周奔跑，幸好野豬沒有繼續跟過來。他們等到野豬走遠之後，才小心翼翼的重新集合。

「呼，真是好險，森林裡各式各樣的生物都有可能出現啊！」

就在柯蘭老師趁機喘息的時候，全智基大叫了一聲。

「啊，糟糕，條形磁鐵不見了！可能是在躲避野豬的時候弄丟了，怎麼辦啊？」

「什麼！難道又要回到森林嗎？」曹阿海緊張的說著。

「對不起，都是我害的，如果我沒有跌倒就不會……嗚嗚！」

姜月月忍不住哭了起來，全智基安慰她，拍拍她的肩膀。

「沒關係，妳又不是故意的，跌倒了就先休息一下，我們一定還會找到好方法的。」

曹阿海眼看氣氛低落，決定說個冷笑話來緩和大家的情緒。

「我出一個題目給妳猜猜看，橄欖樹為什麼不能種在一起？」

「不知道，為什麼？」姜月月無精打采的詢問。曹阿海接著嘻皮笑臉的回答：

「因為要避免群聚感染（橄欖）。」

全智基聽完，呵呵笑了起來，姜月月和柯蘭老師也一起咯咯笑，氣氛緩和許多，但是不知不覺間，一天就要結束了。只見天色一片漆黑，現在連哪裡是哪裡都分不清，更不用說尋找北方。此時，原本窩在一旁的姜月月突然跳起來，大聲喊道：

「有了，只要利用那個東西，就可以找到北方了！」

「現在我們什麼東西都沒有，真的有方法可以找到北方嗎？」曹阿海一臉疑惑的問。

「沒錯，據說在古代，人們都是透過『白天看太陽，晚上看星星』來確認東西南北的方位。北極星始終位於北方，所以只要找到北極星，就能夠知道東西南北的方向了。」

「但是，要怎麼在那麼多的星星當中，找到北極星呢？」全智基抬

請仔細看下方圖片，在漆黑的夜晚裡，找出正確尋找方向的方法，並把它圈起來。

1
利用手錶找出北方。
12
9
3
6

2
透過觀察草地彎曲的一側來尋找方向。

3
利用北斗七星找到北方的北極星。

會是什麼方法呢？
不能就這樣坐以待斃！
失敗
這個方法需要利用陽光！
當有太陽的時候，如果手錶的時針指向太陽的方向，那麼數字12和時針的正中間就是南方。
失敗
咦？草彎曲的方向都不一樣？
看來隨著陽光照射方向的不同，草也會有各種不同的彎曲方向。
成功
這個方向就是北方。

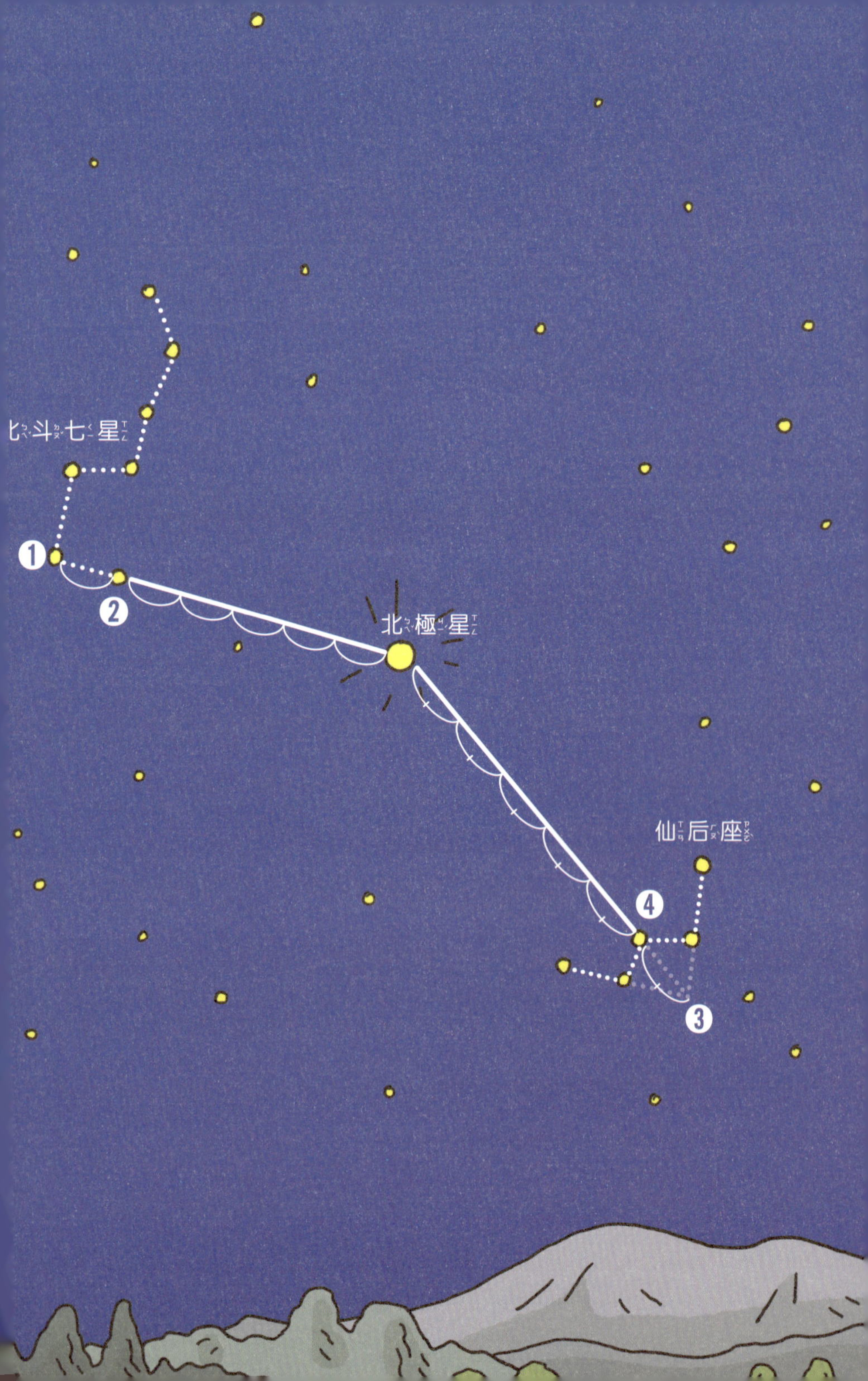
北斗七星
1
2
北極星
仙后座
4
3

頭望著夜空問。

姜月月指向星星回答：「首先，在夜空中找到北斗七星或仙后座。北斗七星有七顆星，以湯匙的形狀排列。仙后座則有五顆星，呈W狀排列，因此很容易就能找到。」

「啊，找到了！是湯匙形狀的北斗七星！」

「我找到仙后座了。」

全智基和曹阿海互相擊掌，開心得不得了。

姜月月面帶微笑，繼續解釋：「是不是很容易找到

啊？尋找北極星有兩種方法：第一是在北斗七星中，找出湯匙形狀末端的兩顆星星❶和❷，然後延伸❶和❷之間長度的五倍距離，找到的那顆星星，就是北極星。第二是在仙后座中將外圍的兩條線反向延長，並找到它們的交會點❸，然後將❸和❹兩顆星星連接起來，距離❸和❹之間長度五倍的星星，就是北極星了。」

「那麼，北方就是這個方向，姜月月太棒了！」柯蘭老師一邊笑著拍手一邊說，姜月月臉紅起來。多虧了姜月月，一行人終於順利逃離黑暗森林，安全的回到花牆小鎮。

一回到小鎮，他們馬上將事情經過一五一十的告訴韓美男刑警。

「什麼？你們說偷走青花白瓷的人不是怪盜魁茲，而是羅富豪？竟然有這種可惡的傢伙！居然如此瞧不起警察。」

「刑警先生，現在可不是生氣的時候，羅富豪和他的手下要潛逃國外了！」

「欺騙我們之後還敢逃跑？我絕對不會讓這種事情發生！」

氣沖沖的韓美男刑警連忙出發前往機場，其他人也和警察們一起抵達機場，他們像要把機場掀起來似的不停搜索，但是，絲毫不見羅富豪一行人的蹤跡。

「該不會已經逃走了吧？呼，連他們要去哪裡也不知道，在這麼大的機場裡，要怎麼找啊？」全智基喃喃自語的說。

姜月月也露出了擔心的表情，這時候，曹阿海悄悄的拿出手機。

「這是在我們被羅富豪一夥人抓起來的時候偷拍的影片，因為是藏在口袋裡拍的，所以沒有畫面，要不要聽聽看聲音呢？說

不定會有什麼可用的線索。」

四個人仔細聆聽影片聲音後嚇了一大跳，自以為是的羅富豪說完後，手機隱約錄下兩名手下的對話。

「聽說『樂拉玩加島』一年四季都很溫暖呢！」

「聽說是那樣沒錯！光是想像就覺得太美好了。」

羅富豪的手下興致一來，便不加掩飾的說出他們要前往的地方。樂拉玩加島是南太平洋著名的度假勝地，每天從機場起飛的飛機就只有一個班次。

四個人查看了時間表，確認他們還沒有坐上飛機，於是柯蘭老師與

奮的說道：「現在羅富豪一行人都是甕中之鱉啦！」

全智基望著曹阿海，讚嘆的說：

「太好了！你的影片終於有派上用場的時候了！」

「你說什麼？」

曹阿海一時之間不知道該說什麼才好，兩眼直盯著全智基，這時，姜月月迅速的介入兩人之間。

「好！就是那個！我們去抓羅富豪吧！」

四個人再次出動尋找羅富豪一行人，但是，機場裡的人實在是太多了，找起來非常困難。就在全智基和姜月月找得精疲力盡，正要癱坐到地上的瞬間，曹阿海指著一處大喊：

「你們看！羅富豪他們在那裡！」

結果，可以看到羅富豪一行人身穿五顏六色的花襯衫，正嘻皮笑臉的在機場裡走來走去，韓美男刑警當場逮捕了他們。

順利破案的四個人互相擁抱，高興得跳來跳去。

然而，與柯蘭老師擊完掌的曹阿海，突然神情十分嚴肅的對她大

解答在136頁！

羅富豪一行人在哪裡呢？請找出在機場穿著繽紛花襯衫的三人組吧！
韓國航空
手續
YNWA

聲說道：

「怪盜魁茲！現在就露出你的真面目，跟我一起去警察局吧！」

「話匣子，你在開玩笑嗎？你對柯蘭老師說什麼啊？」姜月月嚇了一跳，拍著曹阿海的後背說道。

然而，曹阿海不顧一旁驚訝的眾人，再一次用確信的語氣問道：

「我們的柯蘭老師在哪裡？」

「你到底怎麼了？為什麼要對著柯蘭老師問柯蘭老師在哪裡？」

全智基和姜月月目瞪口呆的看著曹阿海和柯蘭老師，緊接著，只見柯蘭老師笑嘻嘻的摘下假髮和墨鏡，說道：

「沒錯！我就是怪盜魁茲。」

「什……什麼！柯蘭老師是怪盜魁茲？怪盜魁茲竟然是女性！」

眼睛瞪得大大的姜月月，講話也開始緊張起來。

聽了我的冷笑話，卻完全沒有笑。
冷笑話
……
老師常常說的那句招牌口頭禪「真相只有一個！」我一次都沒有聽到。
真相只有一個！
為什麼不喊呢？
那是什麼東東？
最關鍵的一點，平時柔弱的老師竟然把姜月月扛到肩上。

「話匣子的推理能力確實令人驚嘆啊！不過你是怎麼知道我是怪盜魁茲的呢？」

「從我們為了尋找怪盜魁茲，在花牆廣場分散行動又再集合的時候開始，我就發現妳的行為和語氣有點奇怪了，因為和老師平時的樣子完全不一樣！」

聽完曹阿海的詳細說明，怪盜魁茲發出驚呼聲。

「哇，你的觀察力很強呢！其實我本來打算獨自找出真凶的，我很好奇究竟是誰在冒充我，因為這種預告信實在是非常幼稚，所以因緣際會下，我就和你們一起行動了。發現

你們是知名的科學小偵探後，我也想要透過你們得到一些幫助。結果你們解決了整個案件，呵呵，不管如何，真的很謝謝你們。」

「不過，妳為什麼要偽裝成柯蘭老師呢？」姜月月好奇詢問。

「我原本是打算到廣場把那個假貨抓住對質一頓，結果被柯蘭老師逮個正著，所以我別無選擇……不過別擔心……」

「我們能不擔心嗎？柯蘭老師到底在哪裡？」全智基激動問道。

「你們可是鼎鼎大名的科學小偵探，所以我直接告訴你們的話，就不好玩了，對吧？拿去吧！」

怪盜魁茲拿出一隻摺得非常精巧的紙鶴，小偵探們趕緊把紙鶴攤開。

「咦？上面只有幾個像外星語的文字啊！」

曹阿海生氣的說道，不過，此時怪盜魁茲已經消失得無影無蹤。

姜月月激動的說：「什麼！這是在開玩笑嗎？」

然而，正在用放大鏡檢查紙張的全智基抬起頭，得意洋洋的對大家說：「這些不是外星語，用鏡子就可以破解了。」

「為什麼要用鏡子破解呢？」

聽到姜月月的問題，全智基從曹阿海的背包裡拿出一面鏡子，並回

試著用鏡子照照看怪盜魁茲給的紙條，並把鏡子裡呈現的文字寫下來。
花牆
幼兒園
寫了些什麼呢？
應該和鏡子的特性有關！

解答在136頁！

答：「你們仔細看紙上寫的字，文字是相反的。」

「喔，真的呢！難道是聽了自以為是大魔王的話之後，產生的心理作用嗎？」曹阿海挖著鼻孔說。

全智基指著鏡子，開始解釋起來。

全智基將鏡子對著紙條一照，文字馬上清晰的出現在鏡子裡。

「花牆幼兒園？」

鏡子是用來映照物體模樣的工具。鏡子裡，物體的形狀上下變化不大，但左右看起來是相反的。所以只要把左右相反的文字照在鏡子裡，就可以看懂實際的文字了。

小偵探們火速跑到花牆幼兒園，不停的尋找，終於發現睡得不省人事的柯蘭老師。

「真是白擔心！老師都睡到打呼了。」

大家總算鬆了一口氣，他們輕聲的叫醒柯蘭老師。

過了一段時間，一則提及科學小偵探出色表現的報導，出現在電視新聞上，小偵探們因此變得更有名氣。

不知道是不是受到報導的影響，「話匣子TV」的訂閱人數暴增，曹阿海因此開心極了。而全智基也因為索取簽名的粉絲實在太多，開始專注於設計屬於自己的獨特簽名。姜月月則因為看到電視上的自己臉

話匣子TV
4327
訂閱

型太圓，因而受到刺激，於是開始努力的運動瘦身。

最後，插播一則題外話，聽說羅富豪之所以策劃這起作假欺騙的案件，是因為他的公司正面臨破產的危機，他企圖設計

一場無價之寶青花白瓷被偷竊的騙局，來詐領巨額保險金。

據說，他誣陷怪盜魁茲，是因為當年怪盜魁茲偷走他的寶物，所以想要報仇，結果卻落得自食惡果的下場。

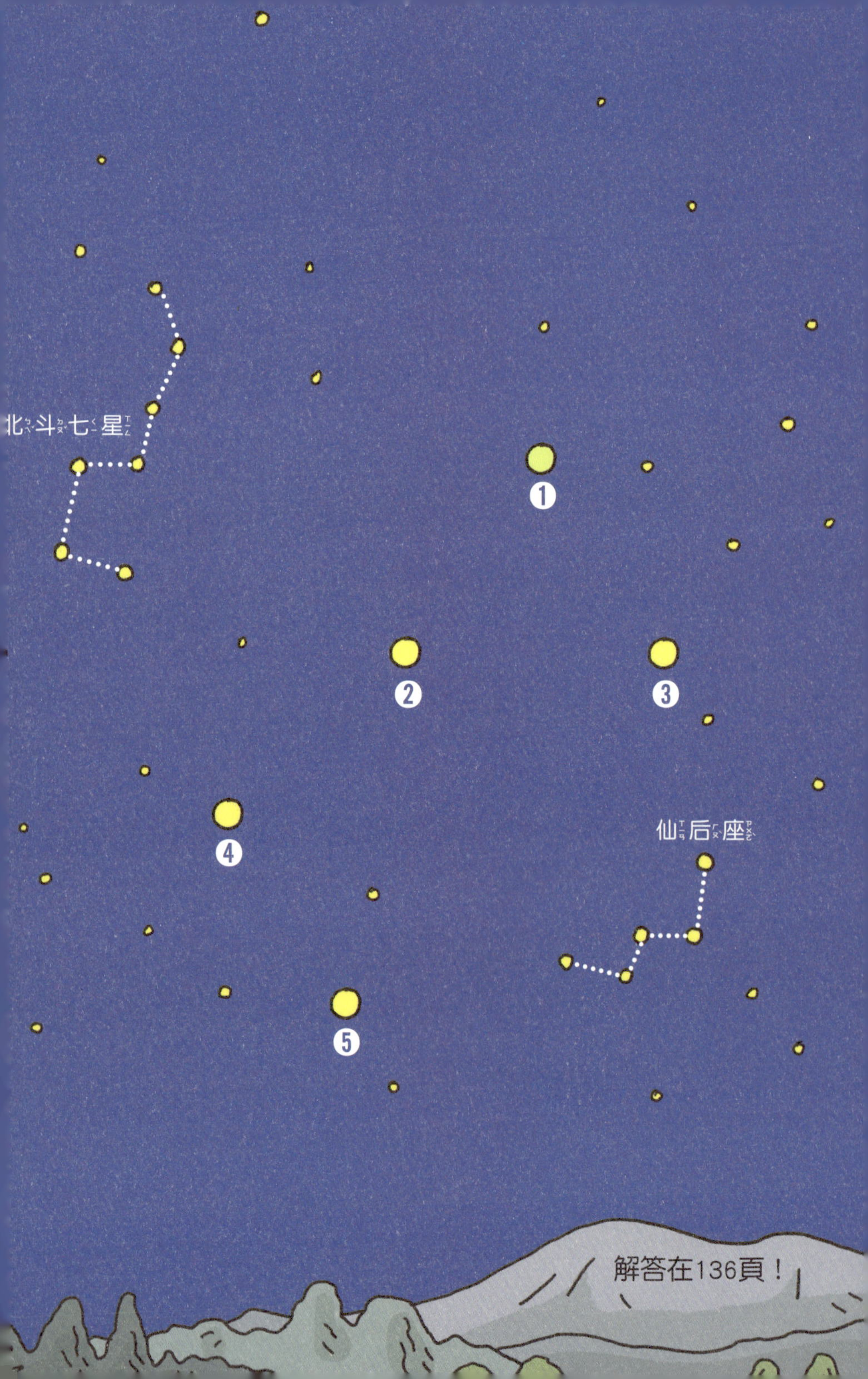
北斗七星
1
2
3
4
5
仙后座
解答在136頁！

加分測驗

幾天後，科學小偵探們再次仰望夜空，試著尋找北極星。請找出北極星的正確位置，並把它圈起來。

«« 解答 »»

23頁

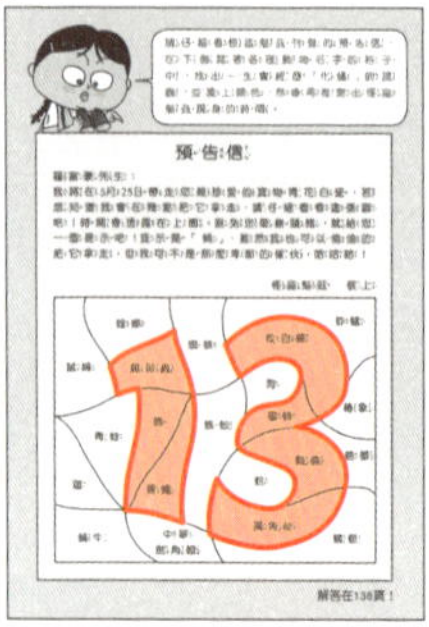

44～45頁

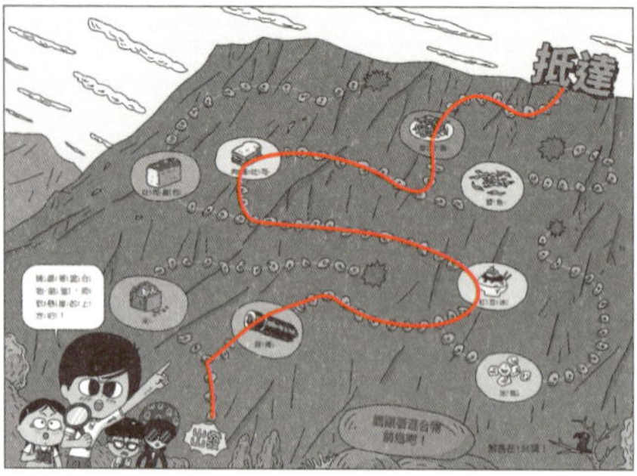

56頁

63頁

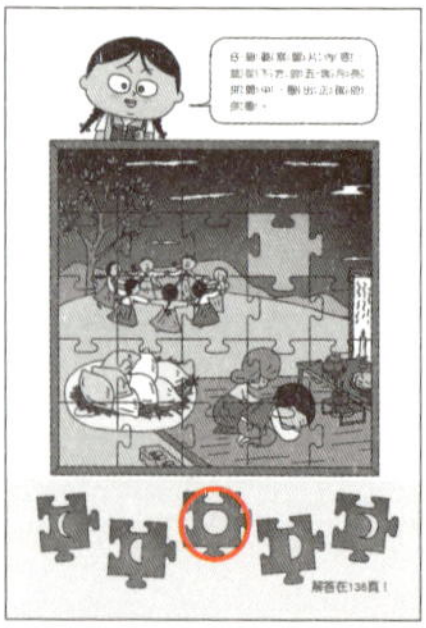

84頁

101頁

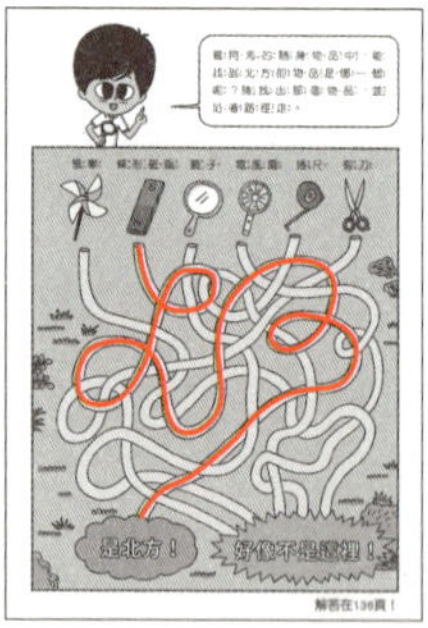

120～121頁

128頁

134頁

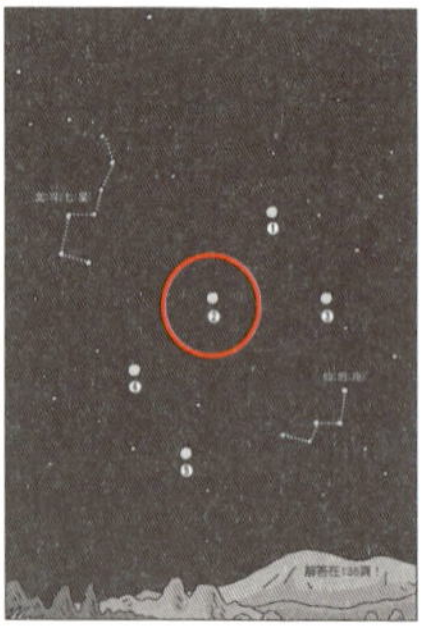

在第3冊裡可以找到國小自然、社會科目的學習對照內容。

第1章 怪盜魁茲的預告信	4年級	自然	昆蟲家族
	3年級	自然	植物的身體
	5年級	自然	植物世界面面觀
	8年級	自然	混合物的分離
第2章 怪盜魁茲的藏身之處	4年級	社會	家鄉的節慶與民俗活動
	6年級	自然	大地的奧秘
	4年級	自然	月亮
	4年級	自然	時間的測量
第3章 從黑暗森林驚險逃脫	3年級	自然	神奇磁力
	4年級	自然	光的世界
	5年級	自然	美麗的星空

資料來源：LearnMode學習吧

企劃 金秀朱

在梨花女子大學學習了物理學之後，至今持續創作著帶給兒童們樂趣的兒童讀物。在進行此書的企劃的同時，他也被書中透過科學來解決問題的三個孩子的帥氣魅力征服。企劃的書籍包含《有沒有可以接受人類的行星呢？》、《生存融合科學遠征隊》系列，著有《生活中的數學學習》、《咳咳偵探的科學搜查X檔案》等。

作者 趙仁河

在淑明女子大學學習了化學之後，長時間在出版社工作，並出版兒童知識書籍。她不斷思考著有沒有能夠讓孩子有趣閱讀，又能學習科學概念的書，於是便在愉悅的心情下，創作了這本書。著有《數學偵探》系列叢書，以及《有沒有可以接受人類的行星呢？》、《生活中的數學學習》、《要怎麼活下去？》等。

繪圖 趙勝衍

在弘益大學和法國學習繪畫，現在是兒童繪本的插畫家。繪圖的書籍作品包含《數學偵探》系列叢書、《芝麻開門，韓國史》系列叢書、《未來來臨，遺傳基因》、《放學後的超能力俱樂部》、《幸福，那是什麼呢？》、《危險的海鷗》、《潭潭洞十字路口萬福電信社》等。

翻譯 林盈楹

畢業於文藻外語學院德文科，現在是一名旅居世界各地的韓文譯者。熱愛文字、語言和藝術，對人和世界充滿好奇心。喜歡帶著韓文書、筆電，還有貓咪小助手，坐在世界各國的咖啡廳裡翻譯，然後看著這些混血作品們在台灣出版。經歷：半導體商務口譯、韓國彩妝研討會口譯、藝人隨行口譯、韓國劇組口譯、廣告拍攝韓語指導等。作品：《心臟噗通噗通：血液的身體大冒險》，韓國暢銷小說《奇怪的公寓》等。

你喜歡科學嗎？
快加入我們一起冒險，
破解謎團吧！

故事館
故事館 060

科學小偵探3：抓住神祕怪盜

과학 탐정스 3: 괴도 퀴즈를 잡아라

企劃	金秀朱
作者	趙仁河
繪者	趙勝衍
譯者	林盈楹
語文審訂	張銀盛（臺灣師大國文碩士）
專業審訂	陳資翰（臺北市立大學歷史與地理學系）
副總編輯	陳鳳如
封面設計	張天薪
內文排版	連紫吟・曹任華
童書行銷	張惠屏・張敏莉・張詠涓

出版發行	采實文化事業股份有限公司
業務發行	張世明・林踏欣・林坤蓉・王貞玉
國際版權	劉靜茹
印務採購	曾玉霞
會計行政	許俽瑀・李韶婉・張婕莛
法律顧問	第一國際法律事務所　余淑杏律師
電子信箱	acme@acmebook.com.tw
采實官網	www.acmebook.com.tw
采實臉書	www.facebook.com/acmebook01
采實童書粉絲團	https://www.facebook.com/acmestory/

ISBN	978-626-349-759-7
定價	350元
初版一刷	2024年9月
劃撥帳號	50148859
劃撥戶名	采實文化事業股份有限公司

104 台北市中山區南京東路二段 95號 9樓
電話：02-2511-9798　傳真：02-2571-3298

科學小偵探. 3, 抓住神祕怪盜/趙仁河作；趙勝衍繪；林盈楹譯. -- 初版. -- 臺北市：采實文化事業股份有限公司, 2024.09
144面；14.8×21公分. -- (故事館系列; 60)
譯自：과학탐정스. 3, 괴도 퀴즈를 잡아라
ISBN 978-626-349-759-7(精裝)

1.CST: 科學 2.CST: 通俗作品

307.9　113009616

線上讀者回函

立即掃描 QR Code 或輸入下方網址，連結采實文化線上讀者回函，未來會不定期寄送書訊、活動消息，並有機會免費參加抽獎活動。

https://bit.ly/37oKZEa